I0867743

REINAS DEL UNIVERSO ANIMAL

HIENAS MANCHADAS HEMBRAS

Lideresas del clan

de Jaclyn Jaycox

PEBBLE
a capstone imprint

Publicado por Pebble, an imprint of Capstone
1710 Roe Crest Drive
North Mankato, Minnesota 56003
capstonepub.com

Los datos de catalogación previos a la publicación se encuentran disponibles en el sitio web de la Biblioteca del Congreso.
ISBN: 9780756591731 (tapa dura)
ISBN: 9780756591687 (tapa blanda)
ISBN: 9780756591694 (PDF libro electrónico)

Resumen: Un grupo de hienas manchadas acaba de matar a una gacela. ¡Es hora de comer! Pero no todas las hienas comen al mismo tiempo. Las hembras comen primero. Luego comen los cachorros y luego los machos. ¡En un clan de hienas, las hembras mandan! Cazan, cuidan a las crías y protegen el territorio del clan. Echa un vistazo a las hienas manchadas y los roles importantes que desempeñan las hembras para garantizar la supervivencia del clan.

Créditos editoriales
Editora: Carrie Sheely; Diseñadora: Bobbie Nuytten; Investigadoras de medios: Morgan Walters; Especialista en producción: Whitney Schaefer

Translated into the Spanish language by U.S. Translation Company

Créditos fotográficos
Alamy: AfriPics.com, 20, JEAN-FR@NCOIS DUCASSE, 5, Unlisted Images, Inc., 19; Capstone Press, 7; Shutterstock: Abdelrahman Hassanein, 26, 27, Amitrane, 9, Apostrophe_S, 28, BrightRainbow, (fondo de puntos) elemento de diseño, Daniel-Alvarez, 15, francesco de marco, 29, Henk Bogaard, 23, Lazlow59, 17, Marion Feige-Muller, 25, matthieu Gallet, 10, NaturesMomentsuk, 6, PACO COMO, 21, Peter van Dam, 11, Sam DCruz, 14, Shams Ashraf, Cover, Trevor Fairbank, 13, WinWin artlab, (coronas) elemento de diseño

Printed and bound in China. PO 6090

Tabla de Contenido

Las palabras en **negrita** están en el glosario.

¡Las hembras gobiernan!

En el mundo animal, los machos suelen ser los líderes. Protegen a sus familias. Llevan la comida a casa. Pero este no es el caso de las hienas manchadas. ¡Las hembras están a cargo! Son más grandes y más fuertes que los machos. Estas intrépidas hembras gobiernan a sus grupos familiares. ¡Aprendamos más sobre las hienas manchadas hembras!

Las hienas hembras protegen a sus familias de cualquier amenaza.

Conoce a la hiena manchada

Las hienas son una especie de **mamífero**. Los mamíferos tienen pelo. Los mamíferos jóvenes beben leche de sus madres.

Hay cuatro tipos de hienas. Las hienas manchadas son las hienas más grandes.

Las hienas suelen deambular por la sabana africana.

Las hienas manchadas viven en África. Se encuentran en diferentes tipos de **hábitats**. Viven en bosques y zonas planas y cubiertas de hierba llamadas **sabanas**. También viven en zonas pantanosas y en bosques de montaña.

Fuertes gritos resuenan sobre la sabana. Una hiena presta atención especial a lo que oye. Sabe que su familia tuvo una caza exitosa. ¡La están llamando para comer!

Las hienas manchadas comen **presas** como cebras y ñus. También cazan gacelas y jabalíes. ¡Incluso pueden acabar con un hipopótamo joven! Las hienas a veces son **carroñeras**. Comen las sobras de la comida de otro animal. Pero capturan la mayor parte de su propia comida.

Las hienas comen todas las partes de sus presas. ¡Incluso comen pezuñas, dientes y huesos! Más tarde vomitan los pelos y pezuñas. Sus cuerpos no pueden descomponer estas partes.

Las hienas obtienen tanta carne como pueden del cuerpo de un hipopótamo.

Los cuerpos de las hienas

Las hienas manchadas tienen pelajes de color marrón rojizo, beige, tostado o gris amarillento. Están cubiertos de manchas oscuras. Las manchas de cada hiena son diferentes. Las hienas manchadas también tienen melenas cortas en el cuello.

Las hienas manchadas tienen orejas redondeadas. Esto las diferencia de otros tipos de hienas que tienen orejas puntiagudas.

Las hienas manchadas tienen fuertes sentidos del olfato y oído. También tienen muy buena vista, incluso en la oscuridad. Estos sentidos les ayudan a cazar de noche.

Las hienas suelen estar activas durante la noche.

Las hienas manchadas pueden pesar hasta 86 kilogramos (190 libras). Los machos y las hembras se parecen. Su tamaño ayuda a que las personas los distingan. Las hembras son un poco más grandes que los machos.

Las hienas manchadas tienen poderosas mandíbulas. Tienen una de las mordidas más fuertes de todos los mamíferos. Pueden triturar huesos fácilmente.

Las mandíbulas de una hiena están revestidas con dientes que les ayudan a triturar huesos.

Familias de hienas

Las hienas viven en grupos llamados clanes. Los clanes pueden tener más de 80 hienas. Las hembras permanecen en el mismo clan toda su vida. Los machos lo abandonan alrededor de los 3 años. Se unen a nuevos clanes.

Las hienas vigilan su territorio.

¡Hee-hee-hee! Esa no es una risa humana. ¡Es una hiena manchada! Estos animales utilizan diferentes sonidos para **comunicarse**. A menudo se les llama hienas risueñas por sus conocidas risitas. Algunos científicos creen que se ríen cuando se sienten frustrados. Las hienas manchadas también gruñen, chillan y aúllan.

Las hienas manchadas emiten más de 11 sonidos diferentes.

Primero las damas

Una hiena manchada macho se une a un nuevo clan. Pero no es una cálida bienvenida. Las hembras dirigen el espectáculo. Lo llamarán si lo necesitan. Es posible que tenga que ayudar a ahuyentar a un animal que haya entrado en el **territorio** del clan. Puede ser elegido por una hembra para **aparearse**. Pero por ahora él se mantiene al margen.

El macho cazará para encontrar comida. ¡Pero tiene que comer rápido! Si es sorprendido por una hembra, podría perder su comida. Las hembras y sus cachorros siempre comen primero.

Las hienas con los rangos más bajos esperan hasta que las de rangos más altos terminen de comer.

Una hembra lidera el clan. Pero todas las hembras tienen un rango más alto que los machos. Incluso los cachorros recién nacidos están por encima de los machos. Los nuevos machos de un clan ocupan el rango más bajo.

Muchos animales machos se pelean por las hembras. Pero no es el caso entre las hienas manchadas. Las hembras toman la iniciativa. Eligen con qué machos aparearse.

Unas hienas hembras contemplan su zona de estar en Kenia, África.

Las hembras dan a luz en guaridas. Las guaridas suelen estar bajo tierra. Los leones atacan a los cachorros de hiena. Las guaridas ayudan a mantener seguros a los cachorros.

Un cachorro de hiena mira desde su guarida.

Una madre suele dar a luz de uno a tres cachorros a la vez. Los cachorros recién nacidos tienen pelaje oscuro. Tienen dientes y sus ojos están abiertos.

Los cachorros dependen de su madre. Su leche es su única fuente de alimento durante unos seis meses.

Un joven cachorro de hiena bebe leche de su madre.

Trabajando juntos

¡Gobernar a un clan de hienas no es una tarea fácil! Las hembras tienen muchos trabajos.

Las hienas machos no ayudan a cuidar a las crías. Las hembras crían solas a los cachorros. Entre las dos y seis semanas, la madre traslada a los cachorros a una guarida más grande. Allí también viven otras madres y cachorros.

Las hembras se ayudan entre sí. Cuando una madre tiene que cazar, otras hembras se quedan con los cachorros hasta que regresa su madre.

Dos hienas hembras están paradas con cachorros cerca de su guarida.

En la guarida más grande, los cachorros llegan a conocerse. Aprenden su rango. Juegan con otras hienas. Esto les enseña habilidades de lucha. Los cachorros de mayor rango son más **agresivos** que los de menor rango.

Los cachorros permanecen en la guarida o cerca de ella durante el primer año. Las madres enseñan a sus cachorros mayores a cazar. Los jóvenes aprenden a identificar su territorio. Después de unos dos años, los cachorros están listos para vivir sin ayuda.

Los cachorros comienzan a comer carne alrededor de los 5 meses de edad.

Las hienas manchadas hembras cazan mucho. A veces cazan solas. También cazan en pequeños grupos. Pero para presas grandes, necesitan un grupo grande. Es posible que llamen a los machos para que las ayuden.

Las presas grandes como los ñus pueden alimentar a muchas hienas.

Las hienas manchadas protegen su territorio. Las hembras están más dispuestas a pelear que los machos. ¡Incluso se reunirán para ahuyentar a un león!

Las hienas manchadas hembras son clave para la supervivencia del clan. Ellas cazan para alimentar al clan. Crían a los cachorros y protegen a sus familias. ¡Son reinas animales increíbles!

Las hienas ahuyentan a un león.

Datos sorprendentes sobre la hiena manchada

La risa de unahiena puede ser escuchada por otras hienas ¡a 5 kilómetros (3 millas) de distancia!

¡Las hienas manchadas son súper inteligentes! En unas pruebas, obtuvieron buenos resultados resolviendo problemas mediante el trabajo en equipo.

Las hienas manchadas viven mucho tiempo en comparación con otros mamíferos carnívoros. Pueden vivir más de 20 años en estado salvaje.

Las hienas manchadas tienen pulmones y corazones grandes. Pueden perseguir presas durante mucho tiempo antes de cansarse.

Los leones y los humanos son los dos únicos depredadores de las hienas manchadas.

Las hienas manchadas no son quisquillosas con la comida. ¡Pero son grandes comedores! Pueden comer hasta 16 kg (35 libras) de carne en una comida.

Las hienas manchadas usan sonidos para encontrarse cuando están separadas.

Las hienas se parecen a los perros. Pero están más estrechamente relacionados con los gatos.

Glosario

agresivo (a-GRES-si-vo)—fuerte y contundente

aparearse (a-pa-re-AR-se)—unirse para producir crías

carroñero (ca-rro-ÑE-ro)—un animal que se alimenta de animales que ya están muertos

comunicarse (co-mu-ni-CAR-se)—compartir pensamientos, sentimientos o información

hábitat (HÁ-bi-tat)—el lugar natural y las condiciones en las que vive un animal o una planta

mamífero (ma-MÍ-fe-ro)—un animal de sangre caliente que respira aire; los mamíferos tienen pelo o pelaje; las hembras de los mamíferos alimentan con leche a sus crías.

presa (PRE-sa)—un animal cazado por otro animal para alimentarse

sabana (sa-BA-na)—una zona de tierra plana y cubierta de hierba con pocos o ningún árbol

territorio (te-rri-TO-rio)—la tierra en la que un animal pasta o caza para alimentarse y cría a sus crías

Índice

Behind the Lens Photography

Sobre La Autora

Jaclyn Jaycox es autora y editora de libros para niños. Cuando no escribe, le encanta leer y pasar tiempo con su familia. Vive en el sur de Minnesota con su marido, sus dos hijos y un valiente perro Goldendoodle.